DE LA

GALE DES MOUTONS.

DE LA

GALE DES MOUTONS,

DE

SA NATURE, DE SES CAUSES,

ET DES

MOYENS DE LA GUÉRIR.

TRADUIT DE L'ALLEMAND,

De G. H. WALZ, Vétérinaire.

Avec une Planche.

A PARIS,

De l'Imprimerie de Madame HUZARD (née VALLAT
LA CHAPELLE), rue de l'Éperon, N°. 7.

1811.

AVANT-PROPOS.

LE mouton, un des animaux le plus utile à l'agriculture, se trouve souvent attaqué d'une maladie de la peau, la gale, aussi incommode à la bête que nuisible aux intérêts du propriétaire. Cette maladie est d'autant plus à craindre, qu'elle se propage très-rapidement, et qu'elle influe plus ou moins vite sur la destruction de la peau.

Depuis bien des années on se plaint de cette maladie, sans cependant en rechercher la nature. La gale de l'homme a été observée avec plus de soin ; mais tout ce qu'on a dit à son sujet n'a pas conduit à une connoissance plus certaine de celle des moutons.

Dans les temps modernes, le degré de civilisation rendit nécessaire des habillemens plus convenables, et on s'occupa particulièrement de l'éducation des bêtes à laine ; aussi les agriculteurs, dans toutes les parties de l'Europe, s'y adonnèrent-ils avec le plus grand soin.

Mais un obstacle considérable, la gale dont il est question ici, s'y opposoit ; toutes les peines et dépenses se trouvoient perdues dès que la gale se déclaroit, à moins qu'elle ne fût arrêtée par la prompte séparation des ani-

1

maux malades des sains, ou par un traitement partiel et raisonné.

Ces circonstances fâcheuses me déterminèrent à fixer toute mon attention sur la gale des moutons. Des essais répétés pendant plusieurs années, des observations et des expériences soigneuses et pénibles me fournirent des résultats qui surpassèrent de beaucoup mes espérances. Plusieurs troupeaux affectés de la gale au plus haut degré, se trouvèrent, non seulement rétablis et dans le meilleur état possible, au moyen d'une dépense peu considérable, eu égard à la valeur du troupeau, mais, après un traitement approprié, ils fournirent, à la tonte suivante, une plus grande quantité de laine, et ils restèrent pendant plusieurs années parfaitement sains ; tandis que des troupeaux voisins, qui, jusqu'à la même époque, étoient toujours restés en bonne santé, furent atteints de la gale spontanée.

Qu'il me soit donc permis d'offrir au public mes observations sur une maladie aussi affligeante, dont la connoissance présente en outre un intérêt particulier au naturaliste. Mes observations seront suivies de la méthode que j'ai employée avec succès pour la combattre.

WALZ.

DE LA
GALE DES MOUTONS,
DE SA NATURE, DE SES CAUSES,
ET DES
MOYENS DE LA GUÉRIR.

PREMIÈRE PARTIE.

Nature de la Gale des Moutons.

§. Ier.

Idées populaires sur la Gale des Moutons.

On appelle communément galeux, un mouton qui se gratte avec ses pieds à une partie quelconque de son corps, en manifestant, par le jeu de sa langue, une sensation agréable, ou qui se frotte contre le premier corps solide qu'il rencontre : on observe, à l'endroit gratté, une éruption couverte d'une croûte, tantôt sèche, tantôt humide, qui augmente successivement ; au même

(8)

endroit la laine commence à se friser, elle perd
son lustre naturel, et prend un aspect terne; on
observe en même temps sur la peau des petits boutons très-faciles à reconnoître avec le doigt.

§. II.

Caractère distinctif de la Gale des Moutons.

Les moutons sont sujets à plusieurs espèces
d'éruptions de la peau qui ont quelque ressemblance avec la véritable gale; mais cette dernière, qui est ou sèche ou humide (1), se distingue particulièrement par la présence d'un petit
insecte qui ne peut vivre que dans la peau du
mouton, où il se propage. Cet insecte et sa manière de vivre ont été observés par plusieurs sa-
vans naturalistes; il est de la classe des **aptères**
et du genre des acares.

§. III.

Causes extérieures qui favorisent le déve-
loppement de cet insecte.

Souvent un troupeau est attaqué de la gale,
sans avoir eu aucune communication avec d'autres troupeaux galeux. Cela arrive sur-tout lors-

----

(1) Cette distinction est peu importante; elle dépend
absolument de quelques circonstances purement acciden-
telles.

qu'un pareil troupeau a été long-temps exposé à des pluies qui durent plusieurs semaines , dans une saison où ordinairement il ne pleut pas. D'autres causes , dont plusieurs étoient même regardées comme valables en matière judiciaire , telles , par exemple , que le séjour des moutons dans le voisinage des toits à porcs , etc. , ne sont fondées ni sur l'expérience , ni sur des observations faites avec soin. Souvent l'état cachectique ou hydropique des moutons se manifeste dans le même temps que la gale ; et , comme les bêtes attaquées de la première maladie maigrissent promptement , et que celles chez lesquelles la gale a fait quelque progrès se trouvent dans le même cas , on a cru que les pâturages peu substantiels pourroient bien produire la gale. Cependant on a remarqué qu'elle ne se manifestoit jamais dans les troupeaux qui vivent sur les hauteurs et qui n'ont qu'une nourriture maigre, tandis qu'elle se déclare plus souvent parmi les troupeaux exposés aux causes que nous avons fait connoître au commencement de ce paragraphe.

§. IV.

Causes organiques favorisant le développement de la Gale.

Sous l'influence des causes extérieures que nous

venons de citer , il arrive souvent que des beliers , sur-tout ceux qui n'ont pas suffisamment exercé l'acte de la génération, des moutons qui n'ont été châtrés qu'après avoir servi quelques années à la monte , enfin des brebis stériles , sont affectés de la gale. Cette maladie attaque sur-tout les bêtes qui ont la peau fine , ou celles dont certaines parties , ordinairement très-laineuses , n'offrent qu'une foible toison, comparativement à ce qu'elle pourroit être.

§. V.

Coïncidence des Causes extérieures et organiques.

Si les causes extérieures et organiques coïncident , on observe en plusieurs endroits couverts de laine un changement organique de la peau , qui s'étend principalement depuis le garrot jusqu'à l'extrémité de la queue et le long des flancs. D'abord l'épiderme se détache , la peau devient molle et flasque, et l'endroit malade devient très-douloureux. Il s'y forme peu-à-peu une inflammation , la peau détachée sèche , l'humeur séreuse qu'elle jette se dessèche également et forme une croûte. A la suite la peau crève , en la pressant fortement elle saigne , et l'animal malade manifeste des marques de douleur qu'on ne peut méconnoître.

En Souabe on appelle cette maladie de la peau la *pourriture de pluie*. Si les moutons affectés sont tenus sous des abris, les croûtes se collent à la laine et se détachent peu-à-peu de la peau malade. La peau, après s'être écaillée légèrement, rentre insensiblement dans son état naturel. Si la pluie continue, la tumeur augmente, principalement aux bords des endroits malades; la peau y prend successivement une couleur blafarde et œdémateuse qui, peu après, se change en bleu verdâtre. L'humeur aqueuse et écumeuse qui en sort dans la suite fait coller la laine en pelotes.

Aussitôt que la peau a contracté la couleur verdâtre dont nous venons de parler, les moutons se frottent en marquant du plaisir, et, peu de jours après, les insectes dont nous avons fait mention au paragraphe II commencent à se montrer sur la peau aux endroits décolorés d'où continue à suinter une humeur aqueuse. Les acares, éclos, irritent ces endroits tant que dure la température moyenne; l'humeur séreuse continue à fluer, se dessèche plus tôt ou plus tard, et il se forme des croûtes galeuses. La laine, dont sont garnies les parties de la peau malade, pâlit et perd en partie son lustre naturel et son élasticité. Peu-à-peu les acares se retirent des endroits desséchés, se portent plus loin, et propagent ainsi l'éruption. Lorsque ces insectes sont parvenus à leur grandeur naturelle, ce qui arrive promptement quand la température est chaude et humide, et plus tard quand il fait froid, ils s'accouplent, ce qui dure quelques jours. Dix ou douze jours après on remarque, en examinant soigneusement la peau, des petits boutons dont le siège est dans son intérieur. La couleur de cette peau change bientôt après, devient d'un bleu verdâtre, et il en sort une humeur séreuse; il naît de nouveaux acares, et tout se comporte de nouveau comme nous venons de le dire.

§. VI.

Propagation artificielle, ou inoculation de la Gale.

Il est généralement connu que la gale des moutons est contagieuse, et c'est au point que cela a passé en proverbe. La description suivante démontrera clairement comment cette communication a lieu. Si l'on prend un ou plusieurs acares femelles fécondées (nous en donnerons la description paragraphe VIII), qu'on les pose sur un mouton parfaitement sain, et à l'extrémité d'un brin de laine, on observera d'abord que ces

femelles se porteront sur une partie saine de la
peau où bientôt elles s'introduiront. L'endroit
par où elles ont pénétré dans la peau est à peine
visible, et ne se distingue que par un petit point
rouge. Le dixième ou douzième jour, on dé-
couvre avec le doigt une petite enflure; immédiatement après, la peau change de couleur et prend
une teinte bleue verdâtre, il s'y établit une suppuration, et, le seizième jour, les mères se montrent avec leurs petits, qu'elles traînent après
elles, attachés à leurs pattes, couverts d'une portion de la coque de l'œuf. Il arrive souvent que
des femelles, sans avoir été fécondées une seconde
fois, rentrent de nouveau dans une partie saine de
la peau le second jour, pour y déposer une nouvelle ponte. Dans l'intervalle, les petits s'introduisent dans la peau au voisinage de l'endroit où ils ont
pris naissance, s'y nourrissent, s'y développent
et s'accouplent. Les changemens de la peau dont il
a déjà été question se répètent et se succèdent plusieurs fois. En ôtant avec soin tous les acares d'un
mouton galeux, ce qui s'exécute facilement en
employant pour cette opération un œil exercé à
voir de près des objets très-petits, sur-tout si
l'individu sur lequel on travaille a été inoculé ar-
tificiellement, les changemens que la peau a
éprouvés disparaîtront successivement et sans em-

ployer aucun remède, le suintement de l'humeur séreuse cessera subitement, les croûtes tenant à la laine se détacheront facilement de la peau, et cette dernière n'étant que peu écaillée reprendra bien vite sa couleur rouge naturelle; la laine qui repousse ensuite se fait remarquer par son éclat, sa fermeté et son élasticité.

Si on transporte sur des moutons sains des acares mâles, ils s'introduisent dans la peau comme les femelles et produisent les mêmes symptômes; mais ces symptômes disparoissent bientôt, sans employer des remèdes ou d'autres moyens pour éloigner les acares. Il est donc évident que la communication de la gale des moutons n'a lieu que par un contact médiat ou immédiat des moutons sains avec des moutons galeux. Dans le premier cas, lorsque des moutons galeux sont couchés avec des sains, les femelles fécondées des acares passent des galeux aux sains. Ainsi que l'on remarque chez les hommes que certains insectes, tels que les poux, les puces et les punaises, attaquent de préférence quelques individus, ainsi on remarque chez les moutons que les acares ne se portent que sur certaines bêtes, on ne sait si c'est par un instinct particulier ou faute de trouver mieux. Une espèce de secrétion particulière de la peau provoqueroitelle ce choix? Si le nombre de ces insectes se multiplie extraordinairement sur certains individus galeux, il arrive quelquefois que les moutons s'en débarrassent à force de se gratter, alors les acares se transportent sur des corps voisins. Dans ce passage ils rencontrent quelquefois des moutons sains, et si la peau de ceux-ci leur convient, ils s'y introduisent, et se propagent comme il a été dit. Le temps pendant lequel on peut conserver en vie des acares hors de contact avec des moutons, diffère selon les circonstances ; nous en parlerons dans un paragraphe suivant.

§. V I I.

Suite de la Maladie sous différentes Conditions, tant extérieures qu'organiques.

Il a été dit que le temps humide favorisoit en général la naissance de la gale dans les moutons. Il en est de même de l'éruption individuelle qui se montre toujours plus copieuse pendant un temps pluvieux, ainsi la communication contagieuse fait dans le même temps des progrès plus rapides qu'elle n'auroit fait dans d'autres temps. La matière séreuse qui, pendant un temps sec, se convertit très-vite en croûtes par la dessiccation, reste en suppuration pendant un temps pluvieux : c'est de-là que vient le mot de gale humide.

Dans les moutons qui inclinent à la cachexie ; le même symptôme s'observe. Plus l'atmosphère est sèche , moins les progrès de la gale sont sensibles , sur-tout si les moutons paissent dans un pays élevé. Une température basse, ou bien le froid , font que les moutons , très-inquiets auparavant , se montrent quelquefois très - tranquilles , et que les changemens de. la peau ne sont presque pas sensibles. Une température plus élevée ramène la maladie à l'état où elle étoit auparavant. Le sexe des moutons ne présente pas de différences bien marquées dans la marche des symptômes , mais l'âge en offre quelquefois , car la gale se propage très-promptement parmi les agneaux.

Quoique toutes les parties de la peau couvertes de laine puissent fournir aux acares une retraite et se couvrir de gale , néanmoins on remarque que certains endroits en sont particulièrement affectés , tels sont la queue , les parties intérieures des cuisses, le long du dos et des flancs, les épaules , la partie antérieure du cou. Si les causes extérieures et organiques favorables à la gale coïncident, les acares se multiplient par milliers. Les endroits de la peau qu'ils ont quittés , et qui se trouvent couverts de plus ou moins de croûtes, deviennent durs et ressemblent à du parchemin , en perdant presque toute leur souplesse naturelle. En frottant cette peau , elle perd sa laine et acquiert une couleur brune qui souvent passe au noir. En frottant très-fort ou en frappant l'animal à l'endroit malade, il naît souvent des inflammations locales qui entrent en suppuration et produisent, ou des pustules nombreuses , ou des abcès profonds. Des moutons qui se trouvent dans cet état , quoiqu'ils soient amplement nourris , maigrissent cependant à vue d'œil , toussent beaucoup et finissent par mourir d'une inflammation aux poumons ; les agneaux sur-tout sont plus que les bêtes adultes exposés à se trouver dans cet état. Si les causes qui favorisent l'éruption de la gale , tel que le temps humide , etc. , n'y contribuent pas, alors les parties de la peau attaquées auparavant par les acares , et depuis délaissées par eux, se rétablissent promptement et reprennent leur état et leur couleur naturels. Les croûtes écaillées se détachent successivement , et la nouvelle laine repousse ; la peau offre de ce moment un nouveau gîte aux acares.

§. VIII.

Description plus détaillée des acares de la Gale.

Les acares ont été rangés par *Linnœus* dans la

classe des insectes sans ailes (*apteri*); par *Fabricius*, dans celle des suceurs (*antliati*). Ils habitent en partie sur d'autres animaux, en partie sur des végétaux, sur le fromage, etc., ainsi que sur des ustensiles domestiques humectés. *Fabricius* les décrit sous le nom de *suceurs à trompe dans une gaîne* (1). Le caractère générique est : *suçoir à gaîne bivalve et cylindrique ; deux palpes de la longueur du suçoir* (2). Parmi les quarante-neuf espèces décrites par *Fabricius*, se trouve l'acare de la gale de l'homme. Son caractère spécifique est : *blanc, avec des pattes couleur de rouille, celles de derrière se terminent en une soie très-longue* (3). Notre acare est donc suffisamment distingué de celui qui produit la gale de l'homme. Il s'en distingue, en outre, par une couleur plus blanche et en général plus éclatante, ne présentant que par-ci par-là quelques taches plus opaques; sa forme est moins ronde, mais pas si alongée que celle de

---

(1) *Os proboscide atque haustello. Entomologia Systematica. Hafniæ*, 1792, *in-8°. tom. IV. Characteres generum ; antliata, pag. v.*

(2) *Haustellum vagina cylindrica, bivalvi. Palpi duo longitudine haustelli, ibid., pag.* 425.

(3) *Albus pedibus rufescentibus : posticis quatuor seta longissima, ibid., pag.* 430.

l'acare du fromage ; son corps est plus grand.

Ce que M. *de Geer* a dit des acares de la gale humaine, que *les quatre tarses antérieurs sont en tuyau terminé d'un petit bouton* (1), s'observe très-distinctement sur la gale des moutons, à l'aide d'un bon microscope ; avec cette exception , que les deux tarses des pieds antérieurs et les deux tarses des pieds de derrière du côté intérieur sont fournis d'un prolongement en forme de trompette. Les acares peuvent mouvoir et tourner ces prolongemens en tous sens , et, au moyen de l'extrémité plissée , s'alonger, se contracter, et se fixer sur un corps quelconque , quelque lisse qu'il puisse paroître.

En examinant avec soin des moutons très-galeux, on rencontrera bientôt des acares dans l'acte de l'accouplement , réunis par les deux extrémités du bas-ventre , et qui se distinguent par leur grandeur, leur figure et la conformation de leurs pattes (voyez la Planche). La femelle est plus grande que le mâle, d'une forme ovale, et pourvue de huit pattes ; son abdomen est beaucoup plus grand , sur-tout si elle est fécondée. Le mâle , sensiblement plus petit que la

---

(1) *Mémoires pour servir a l'histoire des insectes. Stokholm*, 1778 , in-4°. tome VII , page 94.

femelle, et paroissant d'une couleur tant soit peu plus foncée, et d'une forme plus arrondie, n'a que six pieds, dont les postérieurs se trouvent fournis, non seulement des prolongemens en forme de trompette, mais des soies longues dont nous avons parlé, et de deux appendices séparés (*rudimenta pedum*). Les mâles se trouvent en plus petit nombre que les femelles.

De l'œuf de l'acare, que la simple vue de l'homme distingue à peine, qui ressemble à un œuf de fourmi, lisse, ayant l'éclat de la perle, et qui souvent tient encore à la patte velue de sa mère qui vient de se montrer sur la peau du mouton, sort le petit acare, après s'être dépouillé de sa coque. Placé sur la peau chaude du mouton ou de l'homme, le petit acare se distingue par des mouvemens prompts et rapides. Chaque ponte d'acare, qui dure de quatorze à quinze jours, produit de huit à quinze petits. Les femelles sorties de l'œuf arrivent bientôt à une grosseur quadruple de celle de l'œuf. Immédiatement après leur sortie, elles se trouvent en état parfait (*imagines*); la grosseur seule les fait distinguer des adultes. Je me suis convaincu par expérience que l'acare du mouton ne peut se nourrir, se développer et se propager, que sur la peau laineuse du mouton. Cette propagation se fait plus rapidement sur des agneaux, pendant une saison chaude, pendant un temps humide et froid, que sur des vieux moutons. L'acare nouvellement éclos, éloigné du mouton et conservé dans un endroit sec, meurt en peu de jours, puis se dessèche et tombe en poussière ; il est impossible de le rappeler à la vie par des moyens artificiels. Les acares adultes supportent cet éloignement plus long-temps, ils se racornissent, se dessèchent, et périssent plus ou moins vite selon la saison, et le temps sec ou humide. Conservés dans du papier, ils ne restent en vie pendant l'été que de trois à quatre jours ; tandis qu'ils restent en vie, conservés de la même manière, pendant quatre semaines, depuis l'équinoxe d'automne jusqu'à celui du printemps, c'est-à-dire pendant tout l'hiver. Il est vrai qu'ils s'engourdissent pendant ce temps ; mais placés sur la peau d'un mouton ou d'un homme, ils se raniment peu-à-peu, et recommencent leurs fonctions naturelles. Tout ce qui les fait périr dans la première période de leur vie ne produit pas le même effet dans la suite. La durée de leur existence est prolongée par leur séjour sur la peau humaine, cependant ils ne peuvent ni l'entamer ni changer son apparence. Ils se conservent dans l'eau assez long-temps, mais ce liquide ne rappelle pas à la vie ceux qui sont déjà desséchés. Sous tous les climats qui sont sujets à des pluies continues, les acares de la gale des moutons feront leur apparition, et se manifesteront par leurs ravages beaucoup plus promptement qu'ailleurs.

§. I X.

Idées sur la formation de la Gale et la génération des acares.

En comparant les symptômes qui se montrent sur la peau du mouton qui vient d'être atteint spontanément de la gale, avec les lois organiques connues, les résultats suivans se présentent : lorsque l'influence d'une pluie long-temps continuée pendant une température très basse, a appauvri la sensibilité d'une certaine portion de la peau et par conséquent diminué ses fonctions, que de plus elle se trouve exposée aux influences chimiques tant externes qu'internes, à un point hors de la règle (*abnorme*), en privant de sa gélatine l'épiderme ainsi que le réseau de *Malpighi*, et en détruisant de cette manière la continuité qui existe naturellement entre ces parties, elle se trouve dans cet état de mollesse et de relâchement dont il a été question dans le paragraphe V; les changemens qui alors s'opèrent dans l'organisation, tels qu'on doit les attendre de toute opération tant chimique que mécanique, sont

(23)

üne augmentation de sensibilité, et cet état connü
sous le nom d'inflammation , qui produit sur la
peau du mouton , un suintement d'humeurs sé-
reuses dont l'évaporation produit la formation des
croûtes. L'influence continuée de l'eau atmosphérique froide abaisse naturellement la sensibilité
augmentée au-dessous de son état naturel; ce changement prompt occasionne une plus grande dépense de contractibilité dans les vaisseaux lympha-
tiques de la portion affectée de la peau , dont la
suite est la diminution des tumeurs œdéma-
teuses , etc. Le séjour de l'humeur dont il est
question subit naturellement des changemens chimiques , dans lesquels la formation de l'ammoniaque joue probablement un grand rôle.

On sait que le séjour d'une humeur animale
changée par l'influence chimique coopère à la formation organique d'une série d'êtres capables de se
propager. Les opinions seules diffèrent à ce sujet.
Les uns , et c'est le plus grand nombre , croient
que les germes ou les œufs se développent, sous
les conditions sus-mentionnées , au même endroit
où on les aperçoit; d'autres, que , sous les mêmes
conditions , les humeurs animales donnent naissance à une espèce de matrice ou de réceptacle ,
dans lequel se forme l'être organique dont nous
parlons. Ce qui rend cette dernière explication

2 *

un peu étrange, c'est que, pour m'expliquer d'après *Kant* (1), nous ne voyons, ou nous n'observons plus de nos jours ces naissances ou productions spontanées de certains corps organiques d'un grand volume. Si les corps organiques, à l'exception de celui de l'homme, n'existoient pas, ou étoient en grande partie anéantis ou détruits, nous verrions naître d'autres et de plus grands corps, dont la ressemblance avec les individus actuels seroit plus ou moins grande, selon les circonstances de la génération, le climat ou la chaleur de la terre. Cette matière nous conduiroit beaucoup trop loin, si nous voulions répéter tout ce qui a été dit sur elle ; qu'il me soit cependant permis d'ajouter ici l'observation suivante : si on admet que chaque corps organique ne provient que d'un corps qui lui est semblable, il faut également admettre que toutes les humeurs en circulation, sur-tout chez les brebis, ne consistent que dans une accumulation de germes différens qui passent en grande partie, sans s'être développés, des parens à la progéniture, et cela pendant plusieurs générations. Ainsi, si dans le cerveau d'un mouton il y a un changement organique, il s'y formera en même temps

____

(1) Voyez sa *Géographie physique.* Mayence et Hambourg, 1803, tome III, page 219.

un corps organique, le *tænia cerebralis*, dont provient la maladie des moutons connue sous le nom de *tournis*. Si un pareil changement a lieu dans les bronches et leurs rameaux, on y observera, sur-tout chez les agneaux, le *strongylus bronchialis* ; dans les conduits de la bile, le *fasciola* ou le *distoma hepatica* ; dans quelques appendices de l'épiploon, le *tænia solitaris* ; dans le canal des intestins, des *ascarides*, des *tænia*, les *tricocephales*, tous êtres organiques que nous ne rencontrons jamais hors des corps des grands animaux, mais toujours dans des organes déterminés. L'acare du mouton se rencontre, il est vrai, sur la surface de la peau du mouton, où il peut avoir été transporté d'un corps voisin ; mais il faut considérer que cet acare, proportion gardée, ne peut pas vivre long-temps hors du contact de la peau de la brebis, et ne peut se propager nulle autre part. Quelque prévenu que l'on soit contre la génération équivoque, on ne sauroit cependant nier qu'il n'y a que les animaux les plus petits, et qui ne vivent que sur des plus grands, qui ont eu une naissance postérieure à celle de l'animal sur lequel ils vivent. Ainsi l'acare qui vit dans le fromage ne peut pas avoir été créé avec la vache, ni l'anguille du vinaigre avec la vigne. Ce ne sera que par la comparaison de

beaucoup de phénomènes naturels qu'on parviendra à acquérir sur cet objet quelque certitude ,
dont la connoissance se trouve encore hors des
limites des sciences certaines.

§. X.

*Connoissances actuelles sur la nature de la
Gale des moutons.*

Autant que je sais, c'est *Caton* qui, le premier,
a fait mention de la gale des moutons ; il s'exprime
ainsi : « Soyez en garde contre la gale des moutons
» et celle des bêtes à cornes ; elle provient de la
» faim, ou de la pluie continue (1) ». Nous trouvons
donc dans cette citation de *Caton* l'indication de la
cause de la gale confirmée par tant d'observations,
telle que celle supposée et mentionnée dans un de
nos paragraphes, et qui souvent a été répétée par
tant d'autres écrivains.

La belle description des causes de la gale, que
nous trouvons dans les *Géorgiques* de *Virgile* ,
fait croire qu'il observoit lui-même ; mais aux résultats de ces observations il ajoutoit encore les
opinions des autres. Il dit : « Lorsque la sueur
» s'attache à la peau des moutons tondus, ou si la
» peau se trouve déchirée par les épines , la gale
» en est la suite. » On voit par la méthode curative

____

(1) *De Re rusticá , cap. V.*

qu'il propose , qu'il mettoit la gale dans la même catégorie que d'autres éruptions de la peau. On ne sauroit mieux exprimer la cause de la gale que *Virgile* , lorsqu'il dit :

Turpis oves tentat scabies , ubi frigidus imber
Altius ad vivum persedit. (1)

Columelle prescrit les ingrédiens d'un onguent qui garantissoit de la gale pendant un an les moutons tondus qui en avoient été frottés, et ensuite baignés dans de l'eau salée (2). Il s'appuie de l'autorité de *Celse,* en disant que , de tous les animaux , le mouton étoit celui qui étoit le plus souvent attaqué de la gale dont parloit *Virgile*. Il ajoute que la gale se montroit, lorsqu'après la tonte on négligeoit de faire usage de l'onguent dont nous avons fait mention, ou lorsqu'on renfermoit les moutons dans une écurie dans laquelle des mulets , des ânes ou des chevaux avoient séjourné, ou lorsqu'on nourrissoit mal les moutons. Les animaux attaqués de la gale, dit *Columelle ,* se mordent les endroits galeux , ou se grattent avec la corne ou la pince , ou se frottent contre les arbres et les murs : en ouvrant la laine dans ces endroits , la peau a un aspect rude , il se montre une espèce d'éruption : il est

____

(1) *Georg. L. III , v.* 440.
(2) *De Re rusticâ. Lib. VIII ,* cap. *IV.*

urgent, dit-il, de combattre sur-le-champ cette éruption, de peur qu'elle ne gagne tout le troupeau.

Végèce ne parle que de la gale des chevaux, mais il se peut qu'il ait eu la même opinion sur celle des moutons (1). Les chevaux attaqués de la gale, dit-il, deviennent difformes ; cette maladie leur cause des inquiétudes, et les expose quelquefois au plus grand danger ; elle est contagieuse et se communique à d'autres chevaux. On n'ose pas combattre avec des topiques la gale naissante, crainte qu'elle ne se porte de la peau sur des parties internes et n'y produise une autre maladie. Lorsque la gale commence à se montrer, il faut de suite évacuer le bas-ventre, et trois jours après ouvrir la veine en plusieurs endroits du corps, selon les différens sièges du mal. Ce n'est qu'après cela que *Végèce* conseille l'emploi des remèdes extérieurs dont il cite un grand nombre.

---

(1) *Scriptorum rei rusticæ veterum latinorum edid. Schneider. Lipsiæ,* 1797 *, in-8°. Tom. IV. pag.* 242.

DEUXIÈME PARTIE.

Traitement de la Gale des Moutons.

§. Ier.

Conditions générales relatives au Traitement.

En parlant, dans le paragraphe V, de la nature de la gale, on a observé qu'après avoir détruit tous les acares qui se trouvent sur les moutons galeux les symptômes cessoient. Ce moyen mécanique exige cependant beaucoup de peine et de soins, et ne peut servir qu'à se procurer des connoissances exactes sur la nature de la maladie, mais il devient infructueux s'il s'agit d'une cure radicale. Il est d'abord nécessaire d'employer, pour la guérison, des remèdes que l'on peut se procurer facilement, et qui possèdent la vertu d'anéantir promptement l'insecte qui produit la gale, sans cependant nuire ni à la bête malade, ni à sa toison. En s'occupant de ce travail, on se convaincra, comme il a été dit paragraphe VIII, que tous les remèdes jusqu'ici employés contre la gale des moutons, comme l'essence de térébenthine, la dissolution aqueuse du foie de soufre, les dissolutions des sulfates de fer, de zinc, de cuivre, l'onguent mercuriel gris, une décoction de tabac, pouvoient très-bien tuer, après avoir été employés, les acares de la gale, depuis l'équinoxe du printemps jusqu'à celui de l'automne, pendant un temps chaud et une atmosphère douce ; mais dans le cas contraire, pendant une saison peu favorable, ces remèdes ne rempliroient qu'imparfaitement, ou après avoir été long-temps continués, le but qu'on se propose.

D'ailleurs, la plupart des remèdes employés jusqu'ici contre la gale ne permettoient qu'une application partielle sur les endroits même qu'occupoit le mal. Dans les premiers jours de leur existence, les endroits galeux échappent souvent aux yeux ; pendant ce temps, les femelles de notre insecte s'introduisent de nouveau dans les parties saines de la peau pour y déposer leurs œufs. Par cette raison, dans tous les grands troupeaux où se trouve un certain nombre de moutons galeux, il faudroit continuellement mettre en usage ce traitement partiel auquel, en Allemagne, on donne le nom de *Schmier-schœfferey*. Chez la plus grande partie des brebis galeuses il n'y a jamais qu'une partie des acares visibles sur la peau ; tandis que l'autre partie, consistant en femelles, se trouve avec leurs œufs cachée dans l'humeur qui en suinte. Il faudroit donc, d'après ce que nous avons dit dans un des paragraphes précédens, examiner journellement pendant seize jours tous les moutons galeux ou ceux que l'on soupçonne de l'être, sur toutes les parties couvertes de laine, et détruire les acares qui se montrent, ou bien y appliquer un remède qui conserve sa vertu pendant seize jours, et qu'il faudroit après ce temps écoulé renouveler; mais tous les remèdes jusqu'ici employés ne conviennent point à cet usage.

§. II.

Remède infaillible pour détruire les acares.

Parmi les remèdes, pour détruire promptement les acares, l'huile empyreumatique animale s'est montrée constamment efficace. En touchant un acare bien vivant avec la pointe d'une épingle trempée auparavant dans cette huile, l'acare éprouvera sur-le-champ des convulsions violentes, il étendra ses pattes, alongera sa trompe, symptômes qui, immédiatement après, seront suivis de la mort. L'insecte mort se dessèche promptement, sans pouvoir être rappelé à la vie. L'huile empyreumatique végétale, ou le goudron, produit presque le même effet, mais beaucoup plus lentement. En faisant tomber une goutte de cette huile sur un bouton de gale, ou, pour parler plus exactement, sur un nid d'acares prêts à éclore, le bouton touché s'enflammera sur-le-champ ; il se couvrira bientôt d'écailles, d'entre lesquelles les acares morts seront expulsés. On voit que ces deux huiles empyreumatiques agissent sur les acares comme poison, attaquant immédiatement l'organe de la sensibilité, par conséquent par *sur-excitation ;* effets qui pourroient facilement être constatés en répétant les mêmes expériences sur des corps organiques plus forts.

§. III.

Résultats des différentes Méthodes d'appliquer ce Remède.

Si l'on frotte une brebis galeuse nouvellement tondue avec l'huile empyreumatique sur toutes les parties laineuses de la peau, la peau s'échauffera promptement, et sa température sera bientôt monté au degré d'inflammation ; la bête malade roulera les yeux, écumera par la bouche, et des mouvemens convulsifs ne tarderont pas à se manifester. Ces symptômes disparoîtront au bout de quelques heures, sur-tout si la bête malade est tenue en plein air et au frais. Renfermée dans un endroit clos, ou exposée à l'influence d'une température trop élevée, elle meurt très-souvent : c'est sur-tout ce qui arrive aux moutons ou aux agneaux étiques.

En faisant un mélange d'une partie d'huile empyreumatique animale et de trois parties d'huile grasse trouble, et en frottant, avec ce mélange, les endroits où se tiennent les acares, on parvient bientôt à tuer ceux qui se trouvent sur la superficie de la peau, mais non pas à détruire les nids prêts à éclore. L'application de ce remède, comme on peut le prouver *à priori*, produit une irritation moindre sur l'organisation de l'animal que si l'on avoit employé l'huile empyreumatique seule ; malgré cela, elle accélère assez souvent la mort des animaux déjà malades. Les moutons qui ont été fréquemment frottés avec ce mélange, et guéris complètement de la gale, sont, d'après des expériences répétées sur plusieurs centaines de moutons, et en plusieurs contrées, plus exposés à reprendre la gale spontanée que les moutons restés sains, sur-tout lorsque le temps pluvieux y concourt.

En humectant ou en lavant des moutons galeux avec une liqueur qui tient en dissolution de l'ammoniaque, telle que l'urine de bœuf, et puis en frottant les mêmes endroits avec de l'huile empyreumatique animale jusqu'à ce que toutes les parties de la peau couvertes de laine aient contracté une teinte brune, on parviendra à détruire, non seulement tous les acares, pourvu qu'ils ne se trouvent pas couverts par des croûtes épaisses, mais aussi la plus grande partie des nids. Dans un troupeau où il y auroit quelques centaines de moutons galeux, une seule friction est ordinairement suffisante pour achever la guérison complète. En se servant de cette méthode, on observe également un état d'irritation organique qui dépend, tant de la constitution des bêtes malades, que de la dose de l'huile empyreumatique qui a été employée ; mais en échange on a aussi l'avantage de voir que toutes les bêtes traitées d'après cette méthode ne seront plus exposées à reprendre la gale spontanée, même alors qu'elles se trouveront exposées à des circonstances qui la favorisent, comme il a été prouvé par des observations faites sur plusieurs milliers ; tandis que des troupeaux voisins, exposés aux mêmes circonstances, et restés jusqu'alors toujours exempts de la gale, en furent atteints.

Tous les traitemens dont on a parlé causent, aux animaux qui les subissent, ainsi qu'à ceux qui se trouvent dans l'atmosphère des malades, un malaise très-sensible.

§. IV.

*Mélange le plus avantageux et ses pro-
portions.*

En faisant un mélange d'huile empyreumatique animale avec de l'alcali pur, auquel on
ajoute une quantité déterminée de goudron et
une liqueur ammoniacale, on n'obtient à la vérité qu'une mixtion chimique imparfaite, mais
qui, ayant été appliquée à la surface galeuse de
la peau, détruit, non seulement les acares qui s'y
trouvent, mais également les nids des œufs prêts
à éclore placés sous l'épiderme. Ce mélange ne
produit aucun effet nuisible, ni sur l'organisme
de l'animal, ni sur sa toison ; on trouvera au
contraire que la production de la laine augmen-
tera, d'après les expériences faites sur des milliers
de moutons galeux. Les proportions des ingrédiens
dont est composé notre remède sont les suivantes :
quatre parties de chaux nouvellement cuite ; ver-
sez dessus, peu-à-peu, assez d'eau pour qu'elle
se réduise en bouillie ; ajoutez-y cinq parties de
potasse, ou de la cendre dont le contenu en alcali
seroit égal à cette quantité de potasse ; de l'urine
de bœuf autant qu'il faut pour donner à ce mélange la consistance d'un électuaire ; plus six

parties d'huile empyreumatique animale ; trois parties de goudron ; délayez le tout avec deux cent parties d'urine de bœuf, et huit cent parties d'eau commune. Dans la proximité d'une manufacture de sel ammoniac, un mélange suffisant pour en oindre cinq cent brebis galeuses coûtera tout au plus 3 ou 4 florins (7 à 9 francs). Le but de ce mélange est d'effectuer principalement une distribution aussi égale que possible de l'huile empyreumatique dans une liqueur aqueuse facile à appliquer sur toutes les parties de la peau du mouton galeux sans endommager la laine. On voit que l'on obtient par ce moyen un ammoniaque mitigé, uni avec l'huile empyreumatique. L'ammoniaque provient en partie de la décomposition de cette dernière par l'alcali pur, en partie de la décomposition de l'urine de bœuf ; le savon du goudron provenant de la mixtion de ce dernier avec l'alcali y entre comme supplément.

§. V.

Suite du Traitement précédent.

Le nombre des moutons galeux, la durée de la maladie, ainsi que la longueur de la laine des moutons malades, déterminent la manière dont il faut appliquer le remède en question.

Si le nombre des malades est peu considérable,

il est nécessaire de les éloigner promptement du troupeau, de rechercher les endroits chargés de croûtes, de ramollir ces dernières au moyen de la liqueur, chose très-facile, et d'en humecter ensuite toutes les parties laineuses d'une manière uniforme. Si la laine est déjà de trois ou quatre pouces de longueur, et s'il se présente des difficultés pour en entreprendre la tonte, il est bon de passer la liqueur à travers un drap de laine ou un morceau de toile, pour éloigner toutes les parties qui pourroient tacher la laine. Si des moutons traités de cette manière sont tenus pendant seize jours à l'abri de la pluie, trois lotions suffisent pour en effectuer la cure, et détruire les acares qui se trouveront sur et dans la peau; ces lotions se feront les premier, huitième et quinzième jours. Si on ne peut empêcher l'influence de la pluie, les lotions se répéteront quatre ou cinq fois après les intervalles nécessaires; ceci dépend de la durée de la pluie et des circonstances particulières. Si la laine a été récemment coupée, ou si elle n'est pas trop longue, il est inutile de faire passer le mélange à travers un drap, parce que le savon de goudron, qui se trouve amalgamé avec la chaux et l'huile empyreumatique, se trouveroit séparé du reste, et rendroit par conséquent l'effet du remède moins prompt.

Lorsque les brebis se trouvent, après l'opération, exposées à l'influence de la pluie, la lotion filtrée se détache facilement et de la peau et de la laine ; elle ne laisse qu'une teinte brunâtre sur les parties qui ont été humectées : en se servant d'une lotion non filtrée, on n'a pas besoin de l'employer si souvent. Lorsqu'il y a un grand nombre de moutons galeux, ou suspectés de l'être, on prépare une telle quantité de ce mélange sans eau, que, sur un troupeau composé de brebis, de beliers, de moutons et d'agneaux de moyenne grandeur, on en puisse compter deux livres, avec l'eau, par individu. On aura soin de se procurer deux baquets de forme ovale, pouvant contenir chacun assez d'eau pour qu'un mouton puisse y être plongé commodément ; on remplit d'eau un de ces baquets ; on verse dans cette eau autant de la liqueur que les proportions indiquées l'exigent, en brassant le tout avec soin. Alors deux hommes saisissent un mouton galeux, l'un s'empare de la tête et des pieds de devant, l'autre des pieds de derrière, et le plongent par le dos, tourné un peu de côté, dans la liqueur contenue dans le baquet, au point que toutes les parties de la peau couverte de laine soient bien humectées. On retire ensuite le mouton, pour faire écouler la plus grande partie de la liqueur adhérente, puis on le transporte rapidement dans le baquet vide placé à côté; on pétrit la laine avec les mains, pour en faire sortir toute la liqueur qu'elle contient; cette manipulation sert en même temps à rapprocher la liqueur de la peau et à la rendre plus efficace, sur-tout si, en même temps, on cherche à ouvrir les croûtes qui se sont formées dans la laine. Quatre hommes robustes peuvent, dans une journée d'été, traiter, d'après cette méthode, quatre à cinq cent moutons. Pour que les mains des ouvriers ne soient pas endommagées par la liqueur alcaline, il est nécessaire de les leur faire laver de temps à autre dans de l'eau fraîche.

Pour savoir si la liqueur a été préparée avec les soins convenables, et si les ouvriers ont l'intelligence nécessaire, il sera bon de traiter d'abord quelques moutons les plus galeux, de les faire sécher dans un endroit séparé, et de bien examiner si les parties de la peau, précédemment en suppuration, se trouvent actuellement bien desséchées et les acares détruits. Dans le cas négatif, il faut diminuer la quantité d'eau, en n'y versant que la dose de liqueur nécessaire, délayée dans de l'urine de bœuf.

Les moutons qui auront été traités d'après cette méthode, seront remisés, ou dans une bergerie

bien spacieuse, ou dans un endroit ombragé,
pour que la dessiccation se fasse insensiblement :
il est absolument nécessaire de les mettre à l'abri
de la pluie. La répétition de la lotion dépend
en partie de la quantité de croûtes dont sont chargés les moutons galeux, en partie de l'influence
atmosphérique à laquelle ils se trouvent exposés.
Si les moutons sont chargés de beaucoup de croûtes
très-épaisses, ou que le traitement soit suivi d'une
pluie continue, les lotions doivent être plus souvent répétées. Dans le premier cas, quatre ou
cinq immersions sont peut-être nécessaires,
tandis que dans le dernier, il suffit d'en faire
usage deux fois, le premier et le huitième jour.
Dans les cas ordinaires, on obtient toujours par
le traitement prescrit une guérison complète des
galeux : cependant on conseille d'observer soigneusement pendant seize jours les moutons
qui ont été traités ; de séparer tous ceux qui se
montrent inquiets ; d'examiner avec attention les
endroits de la peau qui pourroient paroître sus-
pects ; de laver ces parties avec le remède en
question, dans lequel la proportion d'eau sera
diminuée de soixante-quinze ou cent parties, et
de faire ainsi subir à la bête un traitement partiel, ou bien de plonger le malade dans le baquet
qui contient la lotion. Les moutons très-chargés

de croûtes, ceux qui sont cachectiques, ainsi que les agneaux qui se trouveroient dans les cas mentionnés, exigent sur-tout un traitement plus soigné. Chez les cachectiques, on n'observe pas cet effet qui suit ordinairement l'inflammation et qui détruit les nids d'acares prêts à éclore ; chez les agneaux, la pousse rapide de la laine fait que le remède appliqué sur la peau en est bientôt enlevé, et que les acares qui succèdent trouvent la peau favorable pour leur retraite.

Tous les moutons qui ont été traités par l'immersion, même les plus délicats, même les agneaux nouvellement nés, pourvu qu'ils ne portent pas déjà le germe cachectique, n'éprouvent aucun mauvais effet de ce traitement ; on les voit, au contraire, dès qu'ils sont secs, se montrer très-vifs et avides de manger, et quelques semaines après le traitement, ils prennent un embonpoint qui étonne les connoisseurs. La couleur brunâtre que contracte la laine par l'immersion se perd au bout de huit à quatorze jours, à dater de la dernière, sur-tout si les moutons sont à l'air, et que la laine, lors du traitement, ne soit pas longue de plusieurs pouces.

. Une quantité moindre d'eau, comparativement aux autres ingrédiens (voyez paragraphe IV), en préparant la lotion, procure sans doute des effets plus sûrs pour la destruction des acares ; mais si on la fait trop forte, on risque de gâter la laine et d'endommager les mains des ouvriers.

En détruisant les acares on détruit également les poux des brebis (*hippobosca ovina*), ainsi que les poux de fumier (*pediculus ovinus*) : ces derniers, qui sont très-incommodes aux brebis, ne se montrent plus dans les troupeaux guéris de la gale par le moyen indiqué. Le repos dont jouissent alors les moutons influe singulièrement sur leur beauté corporelle.

Dans le cas où on manqueroit d'huile empyreumatique animale, on pourroit la remplacer par le pétrole noir ; mais il faudroit en augmenter la dose de moitié ; on peut alors supprimer le goudron, ce qui rendroit le remède un **peu** moins coûteux.

§. VI.

Police médicale.

On a vu que, d'après le traitement prescrit, il est facile de guérir la gale des moutons ; malgré cela, il est toujours désagréable au propriétaire d'un troupeau de savoir qu'il renferme des moutons galeux. La police devroit donc, par des ordonnances et des lois, prévenir la propagation de cette maladie : les localités de chaque pays doivent naturellement déterminer les mesures les plus convenables pour atteindre ce but. Dans plusieurs États les règlemens de police interdisent la vente de la viande des moutons galeux ; mais si les moutons galeux ne sont pas tout-à-fait exténués et maigres, l'usage de leur viande ne peut en aucune manière porter préjudice à la santé de l'homme. Le transport des moutons galeux d'un endroit à l'autre, et le trafic des peaux galeuses peuvent seuls favoriser la propagation de la maladie.

§. VII.

Méthodes jusqu'ici en usage pour guérir la Gale.

Le traitement que propose *Virgile* nous fait voir qu'il considéroit cette maladie comme toute autre éruption ou lésion de la peau ; car en le lavant dans de l'eau fraîche, un mouton galeux, au lieu de guérir, ne feroit qu'empirer : il seroit tout aussi inutile d'ouvrir en pareil cas une veine de la pince. Mais l'onguent qu'il prescrit (1), composé d'écume d'huile, de litharge, de soufre, de goudron, de scille marine, d'ellébore et d'asphalte, peut être employé avec avantage, sur-tout pour un traitement partiel ; il seroit insuffisant pour un traitement en grand.

____

(1) *Georg. L. III, v.* 448-451.

Pour préserver un troupeau pendant un an de l'invasion de la gale, *Columelle* (1) conseille de graisser les moutons fraîchement tondus avec un mélange composé de lie de vin vieux, d'écume d'huile et d'une décoction de lupins; de les baigner quatre jours après, ou dans la mer, ou dans une eau de pluie chargée de sel. Pour la guérison, il ordonne (2) le même mélange, auquel on ajoutera parties égales d'ellébore blanc avec le suc de ciguë exprimé au printemps; pour chaque seau romain, une demi-mesure de sel desséché. Pour conserver cette mixture, il conseille de l'enterrer dans du fumier. Avant d'employer ce remède, il ordonne que l'endroit galeux soit raclé, ou avec un tesson, ou avec de la pierre-ponce. Un autre remède qu'il recommande, c'est l'écume d'huile réduite par la cuisson à un tiers de son poids, ainsi que de l'urine d'homme rendue empyreumatique dans des vaisseaux échauffés jusqu'à l'incandescence, ou la même urine épaissie à quatre cinquièmes, et mélangée avec autant de suc de ciguë; plus, de la brique en poudre et du sel en poudre, parties égales; autant de soufre en poudre et de goudron: tout cela doit être réuni sur un feu doux.

(1) *De Re rusticâ. L. VII, cap.* 4.
(2) *Idem, cap.* 5.

Il n'est pas douteux que ces moyens ne puissent être d'un bon usage, sur-tout dans des cas partiels.

Végèce veut qu'avant d'employer les remèdes extérieurs, l'animal soit purgé et saigné ; il recommande particulièrement l'asphalte, le soufre, le goudron, l'urine d'homme, le tout amalgamé avec de la graisse : il ordonne ces ingrédiens dans différentes proportions (1).

Dydimus conseille, pour prévenir la gale, d'oindre avec du goudron les coupures que l'on a faites aux moutons en les tondant, et de frictionner le corps du mouton tondu avec du vin et de l'huile, ou une décoction de lupins ; il recommande comme préférable du vin mêlé, à parties égales, avec de l'écume d'huile ; ou bien du vin, de l'huile, de la cire et de la graisse mêlés ensemble. Parmi d'autres remèdes extérieurs, il loue l'emploi du soufre, du sulfate de cuivre et de la céruse, dont il fait un onguent avec du beurre. L'argile ou la terre glaise humectée avec de l'urine d'âne est encore un des mélanges conseillés par cet auteur (2). Avant de faire usage de ces remèdes, *Végèce* veut que

______

(1) *Vegetii Renati artis veterinariæ*, L. *V*, *cap.* 70, *ex edit. Schneider, cit.*

(2) *Geoponicorum ex recens. Niclas. Lipsiæ*, 1781. *in*-8°. *Tom. IV. Lib. XVIII*, *cap.* 8, *p.* 1181.

l'on coupe la laine des endroits galeux , et qu'on les frotte avec de la vieille urine. Dans le moyen âge, on employoit à-peu-près les mêmes remèdes pour des traitemens partiels.

Les préparations mercurielles , principalement l'onguent gris, le muriate de mercure oxigéné et la décoction de tabac , furent mises en usage dans le courant du seizième siècle, et sous différentes formes et mélanges. Dans la suite, on se servit de l'essence de térébenthine , du tabac et de la bière , du savon , de l'urine , d'une saumure de sel , etc. *Daubenton* recommande l'essence de térébenthine , mélangée avec quatre ou cinq parties de graisse, remède qui lui a toujours bien réussi (1). Je crois cependant que la méthode qu'employoit *Daubenton* et beaucoup d'autres , de faire ouvrir les croûtes à sec et d'appliquer ensuite l'onguent , n'a jamais pu avoir qu'un effet très-incertain. En suivant cette méthode, on ne peut pas empêcher que beaucoup d'acares ne soient détachés, et , par la secousse, transportés sur un endroit de la peau qui jusqu'alors étoit sain , et sur lequel le remède n'avoit point été appliqué.

Abildgaard prescrit l'usage de l'essence de téré-

______

(1) *Instruction pour les Bergers et pour les Propriétaires de troupeaux,* publiée par *J.-B. Huzard.* Paris , 1810. In-8°. fig. pages 162 , 195.

benthine avec de l'huile et la décoction de tabac (1).
Wolstein, une forte lessive de cendre et de fiente
de poules, faite avec de l'eau de pluie ou de la chaux,
dont on lave les parties galeuses, sur lesquelles on
applique ensuite un onguent fait avec la graine de
cevadille en poudre fine, et du beurre salé ; ou
bien de l'ellébore et du soufre, ou du mercure
trituré avec du saindoux (2).

Montes propose l'usage interne de l'antimoine
avec parties égales de soufre et de nitrate de potasse, mélangées avec une quantité suffisante de
farine, puis l'application d'un onguent, composé
d'huile de cade, de lie d'huile, de soufre et de sulfate
de fer ; mélange auquel les bergers espagnols ajou-
tent encore du vinaigre (3). *Lullin* recommande,
outre un onguent composé d'essence de térébenthine
et de graisse, une décoction faite de tabac dans
l'urine d'homme et de lait et l'usage interne de
l'oxide blanc d'antimoine (4). *Gilbert* veut que

---

(1) *Desselben Pferde - und Vieh-arzt. Koppenhagen
und Leipzig,* 1795. in-8°. p. 133.

(2) *Das buch von den Seuchen und Krankheiten des
Horn-viehs, der Schaafe. Wien,* 1791. in-8°. p. 89.

(3) *Tratado sobre las enfermedades de los Ganados.*
Madrid, 1789. L. II, page 61. §. xxiv.

(4) *Observations sur les Bêtes à laine, faites dans les
environs de Genève pendant vingt ans.* Genève, an XII.
— 1804. page 233.

l'on place dans l'étable un vaisseau rempli d'eau ; dans laquelle on a mis une certaine quantité de fleurs de soufre ; il recommande de remuer souvent cette eau. Par l'usage de ce remède, le troupeau de moutons espagnols placé à Rambouillet a été guéri de la gale (1). Ce remède simple et peu coûteux prouve cependant que ce vétérinaire ne savoit pas distinguer la véritable gale des autres maladies de la peau qui n'exigent aucun traitement interne ; *Lullin* avoit déjà remarqué que le soufre administré de cette manière avoit toujours trompé son attente.

Il est vrai que l'on parvient à guérir dans des cas partiels des moutons galeux avec les remèdes précités, sur-tout si on recherche avec soin les endroits galeux sur lesquels on les applique. Mais si dans un troupeau le nombre des galeux est considérable, et dans le cas que l'on ait méconnu dans le commencement la maladie, que l'on ait à traiter un troupeau très-nombreux et pendant un temps de pluie soutenu, il sera difficile d'obtenir le but que l'on se propose. C'est de-là que les *schmier schæffereyen* des Allemands, dans les pays le long du Rhin et en Saxe, ont de tout temps fait si peu de progrès. Un ancien auteur

---

(1) *Instruction sur les Bêtes à laine d'Espagne.* Paris, an 7. in-8°. page 18.

sur l'économie rurale, *Florini*, s'en est déjà plaint, en disant : « Quoique les brebis trai-» tées par cette méthode aient l'air guéries, » cette guérison n'a pas de suite (1). » L'usage imprudent des remèdes mercuriels devient presque toujours nuisible. On peut dire que ce n'est pas au mauvais choix des remèdes, mais plutôt au peu de connoissances qu'on a eu sur la nature de la maladie et sa véritable cause, la présence des acares, qui a fait que les cures n'ont pas eu le succès qu'on en attendoit. Au reste, la plupart des remèdes que nous avons fait connoître ne sont pas susceptibles d'être appliqués en grand ; d'autres ne présentent que des résultats incertains, ou deviennent trop coûteux.

Avant de connoître les acares, j'employois contre la gale une dissolution de foie de soufre ou de sulfure de potasse dans de l'eau, dans la proportion d'un à vingt. Avec ce remède, peu coûteux, je guérissois beaucoup de moutons galeux, et même des troupeaux de plus de cent bêtes, en les faisant baigner deux fois dans la dissolution de foie de soufre, et en humectant

---

(1) *Oder Allgemeiner Kluger und rechts-verstændiger Haus-vatter. Nürnberg*, 1722. in-fol. Tom. IV. L. V, c. 71 , p. 1027.

partiellement les endroits galeux ; mais ce remède ètoit sans efficacité lorsque le troupeau
se trouvoit exposé à un air froid et humide ;
il ne fait effet que sur la superficie de la peau ,
et ne détruit que les acares qui s'y trouvent ;
il enlève le suint à la laine qui s'en imbibe ,
et la rend par conséquent incapable de prendre certaines couleurs ; il est contraire à la
production de la laine. Après m'être convaincu
de l'insuffisánce de ce remède , je portai mes
vues sur d'autres , en examinant de nouveau
tous ceux qui jusqu'alors avoient été mis en
usage , sur-tout les remèdes qui sont connus
comme destructeurs des insectes. Le résultat de
mon travail se trouve dans le paragraphe II.
Après avoir fait un grand nombre d'expériences
sur des moutons tenus à l'air , il falloit d'abord
constater le remède le plus destructeur des acares.
Plusieurs milliers de moutons furent soumis à
l'épreuve , parmi lesquels il y en avoit de très-
galeux et d'autres qui n'avoient eu que des rela-
tions plus ou moins directes avec les galeux. Les
paragraphes IV, V et VI contiennent les résultats de mon travail. Pendant ce travail, je m'occupois de l'analyse chimique des tourbes, qui,
à quelques lieues de Stuttgard, sont exploitées
d'une couche considérable, formée par alluvion ,

et dont la formation paroît très-ancienne, considérée tant sous un point de vue géognostique qu'orictognostique. Les produits des distillations que j'obtins de cette tourbe me fournirent une huile empyreumatique qui tenoit le milieu entre l'huile empyreumatique animale et végétale ; l'animalité l'emportoit cependant sur le reste, sans compter la quantité d'ammoniaque, tant sous forme liquide que concrète, que fournissoit la même tourbe, semblable en cela à plusieurs espèces de charbons de terre de l'Ecosse et d'Angleterre. J'essayai les produits séparés de ma distillation, ainsi que le produit brut, sur des endroits frappés de gale, et j'obtins le résultat le plus satisfaisant. J'entrepris un essai en grand ; un troupeau de cinq cent bêtes fut d'abord après la tonte lavé avec le produit aqueux ammoniacal, puis frottés avec des brosses qui avoient été plongées dans l'huile empyreumatique. Une seule couche suffit, même lorsque les moutons étoient très-galeux, pour peu que les croûtes très-dures sous lesquelles quelques acares avoient pu se cacher, eussent été rompues. Ce traitement a cependant une influence mortelle sur les bêtes précédemment attaquées de cachexie ou de quelque autre maladie. Au reste, des essais avec ce remède ne pourroient être entrepris que dans la proximité de pareilles tourbières, ou près des mines de charbons de terre , où l'on fait la carbonisation dans des vaisseaux clos.

En résumé de ce que je viens d'exposer, on pourroit dire que, dans presque tous les états policés, la gale des moutons, jusqu'ici si nuisible, deviendra facile à combattre et nullement dangereuse, puisqu'on a reconnu sa nature ainsi que les causes qui la produisent, et que le traitement même offre quelque avantage.

Il reste encore à constater par une suite d'expériences faites avec soin, si l'augmentation de la laine dont nous avons parlé plus haut, est un phénomène constant, ou s'il n'est dû qu'à l'emploi du remède que nous avons reconnu pour la destruction des acares. Je puis citer un exemple frappant que j'ai eu occasion d'observer sur la bergerie royale de Denkendorff, à trois lieues de Stuttgard : tout le troupeau étoit infecté de la gale, qui fut complètement guérie après la tonte, en mai 1806, en employant la liqueur dont il a été parlé. En mai 1807, on obtint de deux cent brebis sevrées, de deux cent moutons de moyenne taille , et de deux cent agneaux, près de dix-huit quintaux de laine, tandis que, tout au plus, on en devoit attendre quatorze quintaux. Il faudroit de plus s'assurer si le phénomène que nous avons

observé ici , que la gale spontanée dont nos brebis , traitées d'après la méthode prescrite , ont été
garanties depuis quatre ans , est due à l'influence
du remède employé ; il faudroit de plus chercher
à découvrir, par des expériences bien faites, com-
bien de temps l'effet du remède sur l'organisation
de la peau peut assurer cette dernière contre l'invasion de la gale spontanée. Mais quand même
les moutons galeux, guéris par notre remède ,
n'entreroient que dans la catégorie des moutons
sains, on pourra toujours assurer que le problème,
si la gale peut se guérir , est résolu

§. VIII.

Observations.

Les auteurs du moyen âge qui ont écrit sur
l'agriculture et l'art vétérinaire ont manifesté la
même opinion ; ils ne faisoient que répéter ce que
les Grecs et les Romains avoient avancé avant
eux. Tout ce qu'ils disent relativement à la gale
des hommes et des animaux ne porte ni le cachet
de la critique , ni celui de l'observation. C'est
ainsi que *Dydimus* prétend que la gale des brebis
devoit son origine aux coupures que l'on fait à
leur peau en les tondant (1). Il est étonnant qu'on
n'ait pas fait attention aux changemens qu'é-

------

(1) *Geoponicorum. Loc. cit. et cap.* 15.

prouve la peau dans cette maladie , quoique ces changemens soient bien plus faciles à distinguer que dans la gale de l'homme où l'acare existe également : même depuis que les médecins ont fait connoître l'existence de l'acare dans la gale des hommes , on n'a pas recueilli des connoissances plus exactes sur la nature de la gale des moutons (1). *Avenzoar*, médecin arabe , qui vivoit dans le douzième siècle , observa que , dans une certaine maladie , il sortoit de la peau des petits animaux à six pattes , semblables aux poux , et à peine visibles à l'œil nu (2). L'observation du médecin arabe ne fit aucune sensation jusqu'à ce

---

(1) Les naturalistes françois présumoient depuis long-temps que la gale humide ou pustulaire des moutons étoit produite , comme celle de même nature de l'homme , par un insecte du genre acare de *Linnæus;* mais les tentatives qu'ils avoient faites à diverses reprises pour le voir avoient été sans résultats. Aussi beaucoup d'agriculteurs et de vétérinaires rejetoient - ils leur opinion comme n'étant fondée que sur une trompeuse analogie.

Depuis long-temps aussi les vétérinaires françois faisoient usage de l'huile empyreumatique pour la destruction des vers intestins et le traitement de la gale ; M. *Chabert*, Directeur de l'École vétérinaire d'Alfort , est , sans contredit , le premier qui l'ait indiqué et qui en ait fait usage dans ces cas. *Note du Traducteur.*

(2) *Rectificatio medicationis et regiminis. Venetiis ,* 1497. *Tractat. VII. Lib. II. cap. xviij.*

que *Mouffet*, naturaliste anglois, fut, à la lecture de l'ouvrage d'*Avenzoar*, excité à porter son attention sur le même objet. *Mouffet* décrit l'acare de la gale de l'homme avec exactitude ; il dit : « Les cirons sont les plus petits animaux connus ; ils prennent leur origine, ou sur le vieux fromage, ou sur la cire, ou sur la peau humaine. Les gens du commun attaqués de la gale les en retirent avec la pointe d'une épingle ; les Allemands les appellent *seuren*, et la manière de les prendre, *la chasse des seures*. Ces animaux se trouvent sous l'épiderme, y creusent des galeries, et occasionnent par-là un prurit très-incommode : les parties du corps où la peau est la plus fine sont celles où ils se multiplient de préférence. En les tirant avec une pointe d'épingle, et en les plaçant sur l'ongle, ils remuent, sur-tout si on les expose au soleil. Il faut observer que les *seures* ne se trouvent pas dans les pustules, mais à côté. Lorsque l'humeur aqueuse que contient une des pustules est desséchée, ou enlevée d'une manière quelconque, l'acare qui s'y trouve meurt indubitablement. Cet insecte n'appartient pas au genre des poux, car ces derniers vivent hors de la peau, tandis que le nôtre ne peut subsister qu'en dedans (1). »

____

(1) *Insectorum sive minimorum animalium theatrum. Londini* 1634. *in-fol. lib.* 2, *cap. xxiiii, p.* 266.

Peu de temps après *Mouffet*, *Hauptmann*, médecin allemand, soupçonna que les petits animaux que *Kircher* avoit cru voir dans la peste pourroient bien être les mêmes insectes que les Allemands nomment *acari* ou *cirones* (*riethliesen*) ; il dit que ces mêmes insectes, examinés avec le microscope, lui paroissoient avoir quelque ressemblance avec les mites qui naissent sur le vieux fromage (1). *Hauptmann* est le premier qui a donné une figure de notre acare ; il le représente comme étant pourvus de six pattes et de quatre crocs. *Hafenreffer*, autre médecin allemand, fait également mention des acares, mais il paroît vraisemblable que tout ce qu'il en dit est puisé dans les écrits de *Mouffet* (2).

La description qu'en donne *Bonomo*, dans une lettre adressée à *Redi*, est plus détaillée et plus claire. « J'ai souvent observé, dit-il, que des pauvres femmes, dont les enfans étoient galeux, retiroient de la peau, avec la pointe d'une épingle, des petits insectes, et qu'elles les écrasoient sur l'ongle comme on fait des puces. A Livourne, j'ai vu que les galériens galeux se rendoient mutuellement le même service. L'idée me vint alors d'examiner

____

(1) *Aug. Hauptmanns uralten Waldensteinischen warmen Bad-und Wasserschatz. Leipz.* 1657. *p.* 600.
(2) Voyez *Nosodochium, cutis affectus, pag.* 77.

moi-même ce que pouvoient être ces petits insectes.
Je m'adressai donc à un galeux, en lui demandant
l'endroit où il sentoit la plus forte démangeaison; il
me montroit un grand nombre de pustules qui n'é-
toient point encore couvertes de croûtes; en les
pressant, il en sortoit une humeur limpide, de laquelle je retirai avec la pointe d'une épingle un
petit globule à peine visible que j'examinai avec
le microscope, et que je trouvai être un petit
animal vivant, semblable à une tortue, de couleur blanchâtre, le dos d'une couleur un peu plus
obscure, garni de quelques poils longs très-fins.
Le petit animal montroit beaucoup de vivacité
dans ses mouvemens; il avoit six pattes, une tête
pointue, et deux petites cornes près de la bouche.
Non content de cette première découverte, je
continuai mes expériences sur plusieurs autres
personnes galeuses, de différentes constitutions,
âges et sexes, et pendant différentes saisons: chez
tous je trouvai les mêmes petits animaux, principalement dans les pustules en suppuration; il
y en avoit aussi qui n'en contenoient pas. Quoiqu'il soit presque impossible de découvrir ces
animaux sur la peau même, à cause de leur peti-
tesse et de leur couleur qui est celle de la peau,
j'ai pourtant réussi quelquefois à les rencontrer
dans les plis que forme l'épiderme sur les articu-

lations des doigts : pour se nicher dans la peau,
ils commençoient d'abord à enfoncer leur tête
pointue ; cette opération cause au malade un
prurit insupportable, jusqu'à ce qu'ils se trouvent entièrement logés sous l'épiderme; c'est alors
que l'on voit plus distinctement la manière dont
ils se fraient un chemin. Souvent un seul insecte
donne naissance à plusieurs pustules; quelquefois aussi ils se rencontrent très-près les uns des
autres. J'examinai ensuite avec beaucoup de soin
si ces petits animaux pondoient des œufs ou non.
Après bien des expériences inutiles, je vis un
jour, lorsque je m'occupois à dessiner un de ces
insectes, un œuf très-petit qui se détachoit de
l'extrémité du bas-ventre. Cet œuf étoit presque
invisible, transparent, d'une forme alongée,
ayant quelque ressemblance avec une pomme
de pin. Dans la suite, je rencontrai plusieurs
fois de pareils œufs, dont probablement naissent
ces mêmes petits animaux provenant, comme
tant d'autres, d'un mâle et d'une femelle. Jusqu'ici je n'ai point encore pu découvrir la différence sexuelle par la confrontation des individus.
D'après ces faits, je pense donc que cette maladie contagieuse ne doit son origine, ni aux humeurs mélancoliques de *Galien*, ni à l'humeur
âcre de *Sylvius*, ni à la fermentation de *Van-*

Helmont, ni aux substances salines et irritantes de la lymphe ou du sérum, comme le prétendent plusieurs auteurs modernes ; mais que le prurit qui la caractérise provient de l'irritation qu'occasionnent ces petits animaux à la peau, irritation qui donne lieu à une extravasation séreuse qui forme dans la suite les petites pustules dont je viens de parler. Les malades sont donc obligés de se gratter, par-là le mal augmente ; le travail de ces insectes recommence de nouveau ; les petites pustules en suppuration, ainsi que plusieurs petits vaisseaux sous-cutanés, sont déchirés, et remplacés ensuite par des croûtes, des ulcères, et d'autres affections de la peau (1). »

Cinquante ans, et plus, s'écoulèrent avant que les observations exactes de *Bonomo* influassent sur l'opinion et le traitement des médecins ; il fallut pour cela l'autorité de *Linnæus*. Ce naturaliste auroit probablement rendu un plus grand service à la médecine, si son imagination ardente n'eût pas assigné aux acares une sphère pathogénique trop vaste. *Linnæus* regardoit ces petits animaux comme existans et co-efficiens dans presque toutes les maladies contagieuses des

---

(1) *Observationes circà humani corporis teredinem. Miscellanea naturæ curiosorum. Decuriæ II. Ann. X. Appendix. pag.* 33.

hommes et des animaux. Dans sa dissertation, *Exanthemata viva,* il mentionne la gale des brebis, et il prétend prouver la présence des acares dans cette maladie, pour avoir guéri un belier galeux en lui administrant du musc pendant trois jours (1). On voit cependant que *Linnæus* n'a jamais examiné de près un mouton galeux, parce qu'il confond la gale avec la clavelée (2). *Linnæus* a également confondu les acares de la gale avec ceux qui se montrent sur le fromage et la farine. Sur l'opinion de *Linnæus, Murray* paroît avoir également fondé la sienne, en supposant que la dépravation des humeurs attiroit ces insectes (3). *De Geer* a établi d'une manière plus précise la différence entre l'acare de la gale et celui du fromage (4).

Tout ce qui a été dit sur la gale des moutons a été rassemblé par *Wichmann,* médecin à Hanovre, en y ajoutant ce que ses expériences

---

(1) *Amœnitates academic. Tom. V, pag.* 92.

(2) *Ibid. Ovis. Tom. IV. pag.* 185. Dans la même dissertation *Linnæus* parle cependant des *acares,* page 187. *Note du Traducteur.*

(3) *De Vermibus in lepra obviis. Gottingæ,* 1769, *pag.* 9.

(4) Mémoires pour servir à l'Histoire des insectes, déjà cités. Tome VII, pages 92 et 94.

(61)

avoient pu lui fournir de nouveau (1). Dans la
seconde édition de son ouvrage, il fait également
mention de la gale des moutons, en disant que de
bonnes raisons lui faisoient croire que la gale des
moutons étoit la même que la gale des hommes (2),
que ces deux maladies étoient produites par le
même acare, et qu'elles se propageoient par la
laine, puisque l'on savoit que les ouvriers qui
s'occupent du travail de la laine se trouvoient sur-
tout affectés de cette maladie (3)...*Wichmann*
cite de plus une lettre du docteur *Abildgaard*, de
Copenhague, du mois d'août 1787, dans laquelle
il dit que, dans l'École vétérinaire dont il étoit le
directeur, la théorie du docteur *Wichmann* (qui
regardoit les acares comme cause de la gale) se
confirmoit, et qu'on la guérissoit simplement par
des remèdes externes, sans jamais avoir recours

(1) *Aetiologie der Krœtze.* Hannover, 1786.

(2) *Ibid.* Seconde édition, 1791, page 94.

(3) Depuis la dernière édition du *Systema naturæ de
Linnæus, Fabricius* a publié un grand nombre d'ouvrages
sur les insectes, dans lesquels il distingue, de tous les
autres, sous le nom d'*acarus scabiæi*, l'insecte de la gale
de l'homme. Enfin, dans ces derniers temps, M. *Latreille*
en a fait un genre particulier sous le nom de *Sarcopte*.
Voyez son savant ouvrage, intitulé : *Genera crusta-
ceorum et insectorum.* Paris, 1806. in-8°. tome 1,
pages 151, 152. (*Note du Traducteur.*)

aux internes. Si nous comparons, avec les expres-
sions que nous venons de citer, une opinion postérieure d'*Abildgaard*, on voit que ce vétérinaire
a méconnu la gale des moutons. Voici ce qu'il
dit : « La gale provient de malpropreté, de l'air
malsain des étables, de la faim et de la mauvaise nourriture. Pour guérir la gale il faut com-
mencer par rendre l'air des étables plus sain et les
tenir les plus propres possibles ; les médicamens
qu'on fait prendre aux brebis servent peu ; ce
n'est qu'au printemps, quand elles prennent l'air et
l'herbe fraîche, que cette maladie se guérit (1). »
Les vétérinaires ont presque tous manifesté la
même opinion.

Daubenton, qui, par ses observations sur les
brebis et le traitement qui leur convient le mieux,
a si bien mérité de l'agriculture, manifeste à la
vérité une opinion différente de celle d'*Abildgaard* ; cependant il ne pénètre pas exactement
dans la véritable cause de la maladie. Il dit :
« Dans tous les pays et dans tous les temps, on
a eu besoin d'un remède contre la gale des moutons. Ces animaux sont, plus que d'autres, exposés à cette maladie. Les troupeaux qui occupent
les meilleurs pâturages n'en sont pas exempts.
Les moutons les mieux nourris, les mieux entre-

______

(1) *Desselben Pferde und Vieh-arzt.* Déjà cité.

tenus et les plus vifs, y sont exposés. Lorsque la sueur épaisse commence à rancir, elle attaque la peau et la dispose à la gale. Si l'on ne s'oppose pas aux progrès de cette maladie, elle finit par ronger la chair et les os, et fait périr l'animal. » Après avoir décrit la gale et les symptômes que présente la peau (sans cependant parler des acares), il ajoute : « Si l'on soupçonne que cette maladie provienne d'un grand épuisement ou de malpropreté, d'un air malsain, d'un défaut de nourriture ou de sa mauvaise qualité, il faut s'occuper à éloigner toutes ces causes, car elles s'opposent aux bons effets des remèdes : si la gale provient d'une autre maladie, il faut les guérir toutes deux ensemble(1). »

Montes ne donne aucune explication sur la nature de la gale des moutons, il ne parle que du changement visible qu'éprouve la peau ; il fait mention d'une gale sèche et d'une gale humide : il dit que plusieurs milliers d'arobes de laine se perdent annuellement en Espagne, faute d'employer à temps les remèdes nécessaires. Pour la guérison, il ordonne d'abord des médicamens internes, et puis l'usage des remèdes externes appliqués aux endroits malades (2).

______

(1) *Instruction pour les Bergers*, déjà citée, pages 267 et 276.

(2) *Tratado sobre las enfermedades, etc.* Déjà cité.

Les mêmes raisons sur l'origine de la gale que nous ont donné *Abildgaard* et autres sont encore recommandées par *Wolstein*. Il dit : « Toutes espèces d'immondices qui salissent la laine ou la peau, les étables trop chaudes et peu élevées, la mauvaise litière, le fumier, le crotin, la vapeur provenant de ces matières, les toiles d'araignées, la poussière qui s'attache à la laine, la privation du sel, la mauvaise nourriture, la réclusion des animaux, le mauvais traitement qu'on leur fait souvent éprouver en hiver, occasionnent la gale (1). »

Pendant mon séjour de plus de trois ans dans différens pays de l'Europe, où je m'appliquois à augmenter mes connoissances vétérinaires dans les grands établissemens destinés à ces études, tels que ceux de Vienne, Pest, Prague, Dresde, Berlin, Copenhague et Hanovre, ainsi qu'en traitant différentes épizooties, je n'ai guère eu occasion d'examiner de près des brebis attaquées de gale. Jusque-là j'avois été obligé de me contenter de l'opinion de mes maîtres, ou de celles des auteurs vétérinaires qui ont écrit sur la gale des moutons. Ce n'est qu'à mon retour dans le pays de Wurtemberg que j'ai eu l'occasion d'examiner attentivement des brebis galeuses : j'en achetai plusieurs, parmi lesquelles il y en avoit de pleines.

---

(1) *Das buch von den Seuchen etc.* Déjà cité.

En les examinant de près , je vis qu'à côté des
endroits d'éruption il se trouvoit un grand nombre
de petits animaux , semblables aux mites du fromage. Je ne donnai aucun soin aux animaux malades , afin de les laisser arriver au plus haut degré
de la maladie. Les brebis pleines mirent bas leurs
agneaux , sur la peau desquels on apercevoit
les changemens qui distinguent les galeux. La
gale augmentoit par degré, et la peau de tous
ces animaux ne présenta plus une seule place
intacte ; elle s'épaissit successivement, et prit
bientôt après la consistance d'un parchemin ; le
nombre des acares étoit incommensurable ; les
animaux dépérissoient à vue d'œil ; la toux ac-
compagné du marasme les avoit tous attaqués :
un agneau tomba exténué. Dans cet état de
choses j'entrepris la cure , ayant principalement
soin de détruire d'abord les acares ; au bout de
seize jours, tous mes moutons se trouvèrent débar-
rassés de ces insectes , et quoiqu'on les laissât
exprès pendant trois mois dans la même étable
sans la néttoyer , les acares ne reparurent plus.

Jusqu'alors on croyoit toujours, dans le pays de
Wurtemberg , que les renards galeux pouvoient
communiquer aux moutons la même maladie ; pour
me procurer une connoissance plus exacte sur la
gale des moutons, je cherchai à me procurer des

renards galeux. On m'en apporta un qui étoit couvert d'une éruption sèche sur la queue et le long du dos ; les croûtes qui couvroient l'éruption, et qui pénétroient assez avant dans la peau , contenoient en dessous un peu d'un suintement séreux , mais nulle part se trouvoient des acares. En enlevant une petite quantité de cette humeur séreuse avec une lancette, j'en fis l'inoculation à un belier de l'année , bien sain, près la racine de la queue , en couvrant la plaie avec une des croûtes prises sur le renard même. Il y eut peu de temps après un petit gonflement à la plaie , suivi d'inflammation ; il s'y forma une pustule qui dessécha en peu de jours. L'endroit de la peau étoit parfaitement sain, et resta tel.

Quelque temps après on m'apporta un autre renard , couvert depuis la pointe de la queue jusqu'au museau d'une croûte spongieuse d'un pouce d'épaisseur. Cette croûte, conservée pendant plusieurs mois , éloignée du renard, gardoit toujours son odeur particulière et forte. En comparant cette portion de la peau avec celle qui étoit saine , elle paroissoit d'une contexture celluleuse. Ce tissu celluleux étoit rempli d'un grand nombre de petits acares , lesquels , comparés avec ceux des moutons , se trouvoient plus petits de moitié. Éloignés du renard, ils ne vivoient qu'un seul

jour , quoique tenus dans les mêmes circonstances que ceux des moutons ; ces derniers, d'a-
près le même traitement , restent en vie plusieurs semaines.. Le renard ayant été tué , je
retirai aussitôt un certain nombre de ces acares
que je transportai sur-le-champ sur la queue
et l'encolure de deux jeunes beliers. Les acares
descendirent immédiatement de la laine sur la
peau ; mais en examinant ces moutons avec
beaucoup de soin pendant sept semaines , aucun changement ne put être découvert sur leur
peau. Ceci prouve que la gale du renard ne se
communique pas aux moutons.

Pour m'assurer du rapport qu'il y a entre les
acares et les changemens qu'ils occasionnent à la
peau , je plaçai sur des moutons parfaitement
sains et tenus isolés plusieurs acares femelles fécondées , ainsi que des mâles , pris sur des moutons galeux ; j'obtins les mêmes résultats que j'ai
déjà indiqués. Je laissai quelques-uns d'entre eux
jusqu'à l'époque où presque toute la peau se trouva
détériorée ; dans d'autres je fis enlever et rechercher avec soin tous les acares, et sans leur adminis-
trer aucune espèce de remède, les croûtes galeuses séchèrent promptement, s'écaillèrent, et
la peau en dessous se montra dans l'état le plus
sain et couverte de belles pousses de laine.

Ces essais, qui ont été répétés plusieurs fois, ne laissent aucun doute sur la nature de la gale des moutons, et s'ils ne prouvent pas jusqu'à l'évidence complète l'analogie entre la gale des moutons et celle des hommes pour la manière de se propager, ils peuvent au moins servir à engager les médecins à s'occuper avec plus de soin de cette maladie dans les hommes.

Depuis quatre ans j'emploie, pour la combattre, diverses méthodes dont les résultats ont été heureux sur plusieurs milliers de moutons, tous très-galeux, et qui ne peuvent être que d'un intérêt majeur pour tous les pays où l'on s'occupe de l'éducation de ces animaux.

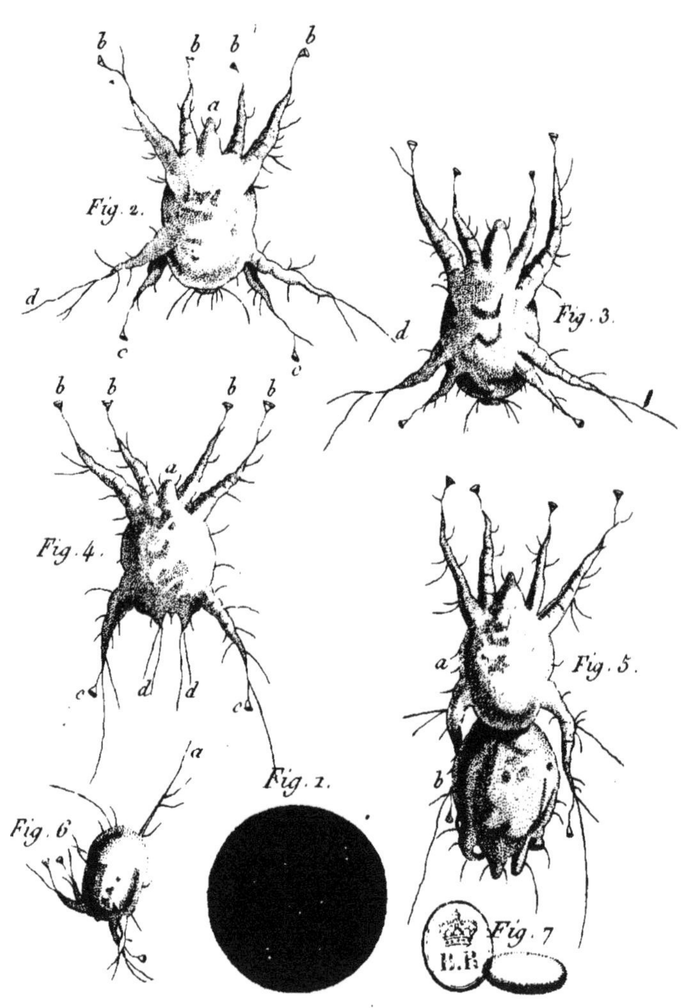

b
b b
b
a
Fig. 2.
d
c
c
b
b
b
b
a
Fig. 4.
c
d d
c
a
Fig. 1.
Fig. 6.
b
b
d
Fig. 3.
a
Fig. 5.
b
Fig. 7.
Malewvre sculpsit

EXPLICATION DES FIGURES.

Figure 1. Acares de grandeur naturelle, repré-
  sentés sur un fond obscur.

Fig. 2. Femelle pleine, grossie au microscope
  366 fois ; elle est en action de marcher.
  a. Le suçoir (*haustellum*).
  bbbb. Les quatre pattes de devant ; elles ont
    des appendices en forme de trompette
    (*pedicellis*).
  cc. Les deux pattes de derrière intérieures.
  dd. Les deux pattes de derrière extérieures,
    dont l'extrémité est pourvue d'une espèce
    de soie longue, garnie d'un ou de deux
    poils plus courts.

Fig. 3. La même femelle couchée sur le dos.

Fig. 4. Mâle couché sur le dos, grossi au microscope comme les figures 2 et 3.
  a. Le suçoir.
  bbbb. Les quatre pattes de devant.
  cc. Les deux pattes de derrière ; on y observe
    également les deux appendices en forme
    de trompette et les soies longues.
  dd. Les apophyses des pattes abdominales
    (*rudimenta pedum*).

5

Fig. 5. Acares dans l'accouplement.
  a. Le mâle en action.
  b. La femelle assoupie.

Fig. 6. Jeune acare ; la longue soie de la patte de derrière annonce qu'elle est du sexe feminin ; les autres pattes sont contractées ou retirées sur elles-mêmes, preuve qu'elle n'a point encore été sur la brebis, et qu'elle n'a pas été exposée à la compression.

Fig. 7. Oeuf d'acare , grossi au microscope 366 fois.

TABLE

DES MATIÈRES.

FIN.